多媒体教学辅助教材

钢筋混凝土简支梁加载试验模拟辅助教学软件

湖南大学土木工程学院

尚守平 彭 晖 刘兴彦 制作

中国建筑工业出版社

图书在版编目(CIP)数据

钢筋混凝土简支梁加载试验模拟辅助教学软件/尚守平等制作. —北京:中国建筑工业出版社,2004

多媒体教学辅助教材
ISBN 7-112-06702-2

Ⅰ. 钢… Ⅱ. 尚… Ⅲ. ①钢筋混凝土结构—简支梁—结构载荷—试验—高等学校—教材 ②计算机辅助教学—应用软件—高等学校—教材 Ⅳ. TU375.103

中国版本图书馆 CIP 数据核字(2004)第 057568 号

多媒体教学辅助教材

钢筋混凝土简支梁加载试验模拟辅助教学软件

湖南大学土木工程学院

尚守平 彭 晖 刘兴彦 制作

*

中国建筑工业出版社出版(北京西郊百万庄)
新华书店总店科技发行所发行
北京同文印刷有限责任公司印刷

*

开本:787×1092毫米 1/16 印张:2 字数:46千字
2005 年 4 月第一版 2005 年 4 月第一次印刷
印数:1—3000 册 定价:15.00元(含光盘)
ISBN 7-112-06702-2
TU·5856(12656)

版权所有 翻印必究
如有印装质量问题,可寄本社退换
(邮政编码 100037)

本社网址:http://www.china-abp.com.cn
网上书店:http://www.china-building.com.cn

本辅助教材主要包括一个 SSBCAI 软件（钢筋混凝土简支梁加载试验模拟辅助教学软件），能在 Windows 平台上运用动画、音频及视频等多媒体技术，模拟钢筋混凝土简支梁在两个对称集中力作用下受力变形的全过程。其中通过实时绘制荷载-挠度曲线等，能看出试验过程重要参数的变化规律，并对不同试验阶段进行分析，软件中内置六种简支梁典型破坏的真实试验视频，可以代替实际试验。为配合对试验的理解，本软件配有受弯构件的单调静力加载试验介绍，阐述试验方案设计、试验步骤等，并附有本软件的详细使用手册。（本书配光盘使用）

* * *

责任编辑：黎　钟
责任设计：崔兰萍
责任校对：黄　燕

目 录

第一部分 受弯构件的单调静力加载试验指导 ·· 1
一、试验目的 ··· 1
二、试验原理 ··· 2
三、试验设备 ··· 6
   1. 荷载设备 ·· 6
   2. 应变测量设备 ··· 8
   3. 力传感器 ··· 11
   4. 位移测量器 ·· 11
四、试验方案设计 ·· 14
   1. 试件设计 ··· 15
   2. 荷载设计 ··· 15
   3. 观测设计 ··· 15
五、钢筋混凝土受弯构件试验步骤 ··· 17

第二部分 SSBCAI 软件使用手册 ··· 19
一、功能简介 ··· 19
二、界面介绍 ··· 19
三、使用指导 ··· 20
   1. 使用试验模拟 ··· 20
   2. 存储和访问数据 ·· 24
   3. 其他功能 ··· 26

第一部分 受弯构件的单调静力加载试验指导

一、试验目的

结构试验是结构设计的重要组成部分，也是结构设计专业学生应该具备的专业技术基础知识。它的任务是使用仪器设备，利用各种实验技术为手段，通过有计划地对结构承受荷载后的性能进行观测和对测量结果（如应力、位移、疲劳寿命、振幅等）进行分析，达到对结构的工作性能和承载能力做出正确的评价和估计。此外，结构试验还是研究和发展结构理论的重要手段，为验证和发展结构的计算理论提供可靠的依据。从确定结构材料的力学性能到验证梁、板、柱等单个构件的计算方法及至建立复杂结构体系的计算理论，都离不开试验研究。钢筋混凝土结构和砖石结构的计算理论几乎全部是以试验研究的直接结果作为基础的。

静力试验是结构试验中最常见的基本试验，大部分建筑结构在工作时所承受的是静力荷载。如果试验的加载过程是从零开始一直逐步递增至结构或构件破坏，也就是在一个不长的时间内完成试验加载的全过程，则我们称它为结构单调加载静力试验。单调加载静力试验主要用于模拟结构承受静力荷载作用下的反应，观测和研究结构构件的强度、刚度、抗裂性等基本性能和破坏机理。建筑结构中大量的基本构件试验主要是承受拉、压、弯、剪、扭等最基本作用力的梁、板、柱和砌体等一系列构件，通过单调加载静力试验能够研究在各种作用力单独或组合作用下构件的荷载和变形的关系。

钢筋混凝土受弯构件是土木结构中最普遍的一种构件，广泛应用于各种建筑结构和桥梁结构。掌握钢筋混凝土受弯构件的工作性能，了解其强度、抗裂度及各级荷载下的变形和裂缝开展情况，对于指导结构设计有重要的现实意义。

在受弯构件的教学试验中经常采用的一种荷载情况为两点对称加载（图1-1），其特征为两个加载点对称布置在梁跨中点的两边，加载点中间的部分由于没有剪力的存在被称为纯弯段，而支座与加载点之间有弯矩和剪力共同作用的区域则被称为剪弯段。在进行两点对称加载的受弯构件加载试验时可通过其剪弯段观察剪力与弯矩共同作用的影响，而纯

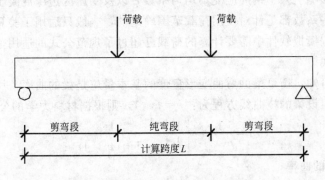

图 1-1 受弯构件的两点对称加载试验

弯段可以让试验者排除剪力的干扰，了解弯矩作用下截面的应力、应变分布情况以及验证平截面假定。

因此，两点对称加载的受弯试验是在建筑工程教学中应用最为普遍的教学试验。

二、试验原理

根据材料力学可以知道，材料为线弹性时，受弯构件截面的曲率和弯矩的关系为：

$$\frac{1}{\rho} = \frac{M}{EI} = \frac{M}{B}$$

式中，ρ 为曲率半径，E 为材料的弹性模量，I 为截面的惯性矩；$EI=B$ 为匀质弹性材料梁的抗弯刚度。这样，当受弯构件的截面和材料一定时，截面的抗弯刚度也一定，挠度与弯矩呈线性关系。

实际上，对于钢筋混凝土受弯构件来说，混凝土只在受力的最初阶段表现为弹性，其应力-应变曲线大部分为非线性，钢筋在达到屈服强度后其应力-应变曲线也不再为线性，因此钢筋混凝土远远不是一种线弹性材料，其材料性能具有极大的非线性。另外，混凝土的拉伸应变很小，钢筋混凝土受弯构件的受拉区混凝土在弯矩不大时就会开裂。随着弯矩的增大以及受拉区裂缝的不断出现与发展，受弯构件的截面抗弯刚度会随着受拉区混凝土逐步退出工作而降低。考虑以上的因素，钢筋混凝土梁的挠度与弯矩的关系是非线性的，其抗弯刚度显然不能简单地用 EI 这个常量来表示，需要根据弯矩大小、开裂与否等因素来推导钢筋混凝土受弯构件的刚度计算公式。

《混凝土结构设计规范》（GB 50010—2002）通过考虑用裂缝位置与裂缝间部分截面钢筋应变与受压区混凝土应变的平均值来计算截面的曲率，从而计算截面抗弯刚度，推导出了计算钢筋混凝土受弯构件正截面短期抗弯刚度 B_s 的公式：

$$B_s = \frac{E_s A_s h_0^2}{1.15\psi + 0.2 + \frac{6\alpha_E \rho}{1+3.5\gamma_f'}} \tag{1-a}$$

式中 γ_f' 为 T 型、I 型截面受压翼缘面积与有效腹板面积之比，因此对于矩形截面的受弯构件来说，规范公式为：

$$B_s = \frac{E_s A_s h_0^2}{1.15\psi + 0.2 + 6\alpha_E \rho} \tag{1-b}$$

为便于计算，在公式中引入了开裂截面内力臂系数（取值为 0.87），为了反映裂缝对截面抗弯刚度的影响引入了钢筋应变不均匀系数 ψ 以及受压区边缘混凝土平均应变综合系数等系数。但这些系数都是针对使用荷载范围确定的，一般只适用于验算正常使用状态下的挠度，而全过程模拟软件中需要计算的荷载已超过了规范公式的适用范围，因此不能简单地采用规范公式。

由材料力学可知，衡量梁的弯曲变形程度的基本量应是梁的曲率，所以挠度与曲率存在着对应的关系。设梁的挠曲线方程为：$v=f(x)$，则根据材料力学的公式：

$$\varphi(x) = \frac{1}{\rho(x)} = \left|\frac{d\theta}{ds}\right| = \frac{1}{[1+(v')^2]^{\frac{2}{3}}}|v''| \tag{2}$$

式中 φ ——构件的曲率；

ρ ——构件的曲率半径；

v——挠度；

θ——转角。

笔者考虑从挠度与曲率的关系着手，通过对曲率进行二重积分来求梁的挠度。

首先作如下假定：

(1) 在梁构件中沿轴线方向没有位移。实际情况中梁轴线在产生弯曲变形后，在梁的纵向也有线位移；但我们软件考虑的是细长梁小变形的情况，梁的挠度远小于跨长，横截面形心沿轴方向的线位移与挠度相比属于高阶微量，可略去不计。

(2) 在整个纯弯段截面中和轴相等，即为一直线，剪弯段上在梁开裂以后，由于裂缝的伸展，梁的中和轴是一条有起伏的曲线，但为了简化计算，可以认为梁的中和轴是一条平坦的曲线。

(3) 梁的刚度在整个跨度上是相等的。由于混凝土为弹塑性材料，再加上裂缝的影响，沿跨度各截面钢筋的应力和应变、混凝土的应力和应变、截面的曲率、刚度都是不同的。为了简化，及考虑到剪弯段剪切变形的影响，可以认为梁构件是通长等刚度的。这样，在纯弯段梁的曲率是一个常数，在剪弯段梁的曲率呈线性变化。

作出上述假定后，我们可以对公式（2）中的曲率进行二重积分，从而求出挠度。这样，确定荷载-挠度对应关系的工作就转变成求一定荷载作用下沿构件长度方向的截面曲率分布，即弯矩-曲率的对应关系。首先，必须通过图1-2了解截面的应力-应变分布情况：

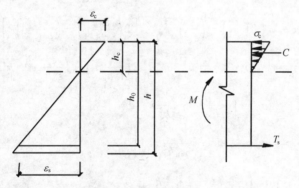

图1-2 截面应力-应变示意

如图1-2所示，由平截面假定可以得到：$\frac{1}{\rho}=\frac{\varepsilon_c+\varepsilon_s}{h_0}$，所以只要确定受压混凝土边缘纤维的压应变和钢筋的拉应变，就可确定梁的曲率，从而求出梁的挠度。截面上存在着两个平衡关系：内力平衡与几何应变协调。内力平衡指受压区混凝土上的合压力 C 与钢筋上的合拉力 T_s 平衡（实际还有混凝土受拉区的合拉力，不过开裂后混凝土基本不承担拉力，因此不予考虑），即 $C=T_s$。几何应变协调指根据平截面假定，混凝土受压区边缘纤维应变 ε_c 与钢筋应变 ε_s 及受压区高度 h_c 之间存在如 $\frac{\varepsilon_c}{\varepsilon_s}=\frac{h_c}{h_0-h_c}$ 的等式关系。根据我国《混凝土结构设计规范》采用的混凝土应力-应变关系曲线（RUSCH曲线）对受压区进行积分，混凝土合压力 C 可表示为 ε_c 的函数，钢筋合拉力是 ε_s 的函数，因此等式 $C=T_s$ 可以转化为 ε_c 与 ε_s 之间的等式。这样，我们可以考虑通过这两个等式求解出 ε_c 与 ε_s 之间的关系式。当给 ε_c 一个确定的值时，可以求得与之对应的 ε_s，进而确定与之对应的曲率与弯矩。这样，我们就得到了一定截面的弯矩-曲率关系。

为了求出简支梁纯弯段与剪弯段的曲率，做如下假定：

(1) 截面变形符合平截面假定。

(2) 受力钢筋与混凝土之间以及碳纤维与混凝土之间没有滑移，应力-应变曲线连续。对于预应力碳纤维布加固的受弯构件，由于不容易发生粘结破坏，这一假定较非预应力碳纤维布加固的受弯构件要更为准确。

(3) 钢筋按理想弹塑性材料不考虑其强化部分提高的强度，则其应力 σ_s 与应变 ε_s 的关系为：

$$\sigma_s = E_s \cdot \varepsilon_s \quad (\varepsilon_s \leqslant \varepsilon_y) \tag{3-a}$$

$$\sigma_s = \sigma_y \quad (\varepsilon_s > \varepsilon_y) \tag{3-b}$$

(4) 混凝土采用上升段-水平段两端曲线，其应力 σ_c 与应变 ε_c 的关系为：

$$\sigma_c = \left[2\left(\frac{\varepsilon_c}{\varepsilon_0}\right) - \left(\frac{\varepsilon_c}{\varepsilon_0}\right)^2\right] \cdot \sigma_0 \quad (0 \leqslant \varepsilon_c \leqslant \varepsilon_0) \tag{4-a}$$

$$\sigma_c = \sigma_0 \quad (\varepsilon_0 \leqslant \varepsilon_c \leqslant \varepsilon_{cu}) \tag{4-b}$$

式中，ε_c 为混凝土受压区边缘应变，ε_0 取为 0.002，ε_{cu} 取为 0.0033。

笔者根据上述假定及上述方法，推导出矩形截面梁的曲率和挠度公式如下：

当 $\varepsilon_c < \varepsilon_0$ 时，有 $\varepsilon = \dfrac{\varepsilon_c}{h_c} x$

$$\sigma = \sigma_0 \left[2\left(\frac{\varepsilon}{\varepsilon_0}\right) - \left(\frac{\varepsilon}{\varepsilon_0}\right)^2\right] = \sigma_0 \left[2\left(\frac{\varepsilon_c}{\varepsilon_0 h_c}x\right) - \left(\frac{\varepsilon_c}{h_c \varepsilon_0}x\right)^2\right]$$

$$F_c = \int_0^{h_c} \sigma b \cdot dx = b \int_0^{h_c} \sigma_0 \cdot \left[2\left(\frac{\varepsilon_c}{\varepsilon_0 h_c}x\right) - \left(\frac{\varepsilon_c}{\varepsilon_0 h_c}x\right)^2\right] dx$$

$$= b\sigma_0 \int_0^{h_c} \left[\frac{2\varepsilon_c}{\varepsilon_0 h_c}x - \frac{\varepsilon_c^2}{\varepsilon_0^2 h_c^2}x^2\right] dx$$

$$= b\sigma_0 \left(\frac{\varepsilon_c}{\varepsilon_0 h_c}x^2 - \frac{\varepsilon_c^2}{3\varepsilon_0^2 h_c^2}x^3\right)\Big|_0^{h_c}$$

$$= b\sigma_0 \left(\frac{\varepsilon_c}{\varepsilon_0 h_c}h_c^2 - \frac{\varepsilon_c^2}{3\varepsilon_0^2 h_c^2}h_c^3\right)$$

$$= b\sigma_0 \left(\frac{\varepsilon_c h_c}{\varepsilon_0} - \frac{\varepsilon_c^2 h_c}{3\varepsilon_0^2}\right) \tag{5}$$

当 $\varepsilon_c > \varepsilon_0$ 时，

$$\sigma = \begin{cases} \sigma_0 \left[2\left(\dfrac{\varepsilon}{\varepsilon_0}\right) - \left(\dfrac{\varepsilon}{\varepsilon_0}\right)^2\right] & \varepsilon < \varepsilon_0 \\ \sigma_0 & \varepsilon > \varepsilon_0 \end{cases}$$

$$F_c = \int_0^{h_c} \sigma b \cdot dx = b \int_0^{\frac{\varepsilon_0}{\varepsilon_c}h_c} \sigma dx + b \int_{\frac{\varepsilon_0}{\varepsilon_c}h_c}^{h_c} \sigma_0 dx$$

$$= b \int_0^{\frac{\varepsilon_0}{\varepsilon_c}h_c} \sigma_0 \left[2\left(\frac{\varepsilon_c}{\varepsilon_0 h_c}x\right) - \left(\frac{\varepsilon_c}{\varepsilon_0 h_c}x\right)^2\right] dx + b \int_{\frac{\varepsilon_0}{\varepsilon_c}h_c}^{h_c} \sigma_0 dx$$

$$= b\sigma_0 \left(\frac{\varepsilon_c}{\varepsilon_0 h_c}x^2 - \frac{\varepsilon_c^2}{3\varepsilon_0^2 h_c^2}x^3\right)\Big|_0^{\frac{\varepsilon_0}{\varepsilon_c}h_c} + b\sigma_0 x \Big|_{\frac{\varepsilon_0}{\varepsilon_c}h_c}^{h_c}$$

$$= b\sigma_0 \left(\frac{\varepsilon_0 h_c}{\varepsilon_c} - \frac{\varepsilon_0 h_c}{3\varepsilon_c}\right) + b\sigma_0 h_c - b\sigma_0 \frac{\varepsilon_0 h_c}{\varepsilon_c}$$

$$= b\sigma_0 h_c - b\sigma_0 \frac{\varepsilon_0 h_c}{3\varepsilon_c} \tag{6}$$

式中 b——梁宽;

σ_0——混凝土峰值压应力;

ε_0——混凝土峰值压应力对应的压应变;

ε_c——给定的混凝土压应变;

h_c——受压区高度。

由 $\Sigma N = 0 \Rightarrow F_c = F_s \Rightarrow b\sigma_0 h_c \left(\frac{\varepsilon_c}{\varepsilon_0} - \frac{\varepsilon_c^2}{3\varepsilon_0^2}\right) = \varepsilon_s E_s A_s$

平截面假定 $\Rightarrow \frac{\varepsilon_c}{\varepsilon_s} = \frac{h_c}{h_0 - h_c} \Rightarrow \varepsilon_s = \frac{h_0 - h_c}{h_c} \varepsilon_c$

$$\begin{cases} h_c = \dfrac{-B + \sqrt{B^2 + 4ABh_0}}{2A} \\ \varepsilon_s = \dfrac{2Ah_0 + B - \sqrt{B^2 + 4ABh_0}}{-B + \sqrt{B^2 + 4ABh_0}} \varepsilon_c \end{cases} \quad \left(\varepsilon_c < \varepsilon_0, \ \varepsilon_s < \frac{f_y}{E_s} \text{时}\right) \tag{7-a}$$

式中 $A = b\sigma_0 \left(\dfrac{3\varepsilon_c \varepsilon_0 - \varepsilon_c^2}{3\varepsilon_0^2}\right)$ $B = \varepsilon_c E_s A_s$

$$\varphi = \frac{\varepsilon_c + \varepsilon_s}{h_0} = \frac{\varepsilon_c \left[1 + \dfrac{2Ah_0 + B - \sqrt{B^2 + 4ABh_0}}{-B + \sqrt{B^2 + 4ABh_0}}\right]}{h_0} \tag{7-b}$$

由 $\Sigma N = 0 \Rightarrow F_c = F_s \Rightarrow b\sigma h_c - b\sigma_0 h_c \dfrac{\varepsilon_0}{3\varepsilon_c} = \varepsilon_s E_s A_s$

$\varepsilon_s = \dfrac{h_0 - h_c}{h_c} \varepsilon_c$

$$\begin{cases} h_c = \dfrac{-B + \sqrt{B^2 + 4ABh_0}}{2A} \\ \varepsilon_s = \dfrac{2Ah_0 + B - \sqrt{B^2 + 4ABh_0}}{-B + \sqrt{B^2 + 4ABh_0}} \varepsilon_c \end{cases} \quad \left(\varepsilon_c > \varepsilon_0, \ \varepsilon_s < \frac{f_y}{E_s} \text{时}\right) \tag{8-a}$$

式中 $A = b\sigma_0 \left(\dfrac{3\varepsilon_c - \varepsilon_0}{3\varepsilon_c}\right)$, B 同 $\varepsilon_c < \varepsilon_0$ 时情况

$$\varphi = \frac{\varepsilon_c + \varepsilon_s}{h_0} = \frac{\varepsilon_c \left[1 + \dfrac{2Ah_0 + B - \sqrt{B^2 + 4ABh_0}}{-B + \sqrt{B^2 + 4ABh_0}}\right]}{h_0} \tag{8-b}$$

当 $\varepsilon_c < \varepsilon_0$, 且 $\varepsilon_s > \dfrac{f_y}{E_s}$

$$b\sigma_0 \left(\frac{\varepsilon_c}{\varepsilon_0} - \frac{\varepsilon_c^2}{3\varepsilon_0^2}\right) h_c = f_y A_s$$

$$h_c = \frac{f_y A_s}{b\sigma_0 \left(\dfrac{\varepsilon_c}{\varepsilon_0} - \dfrac{\varepsilon_c^2}{3\varepsilon_0^2}\right)} \tag{9-a}$$

$$\varepsilon_s = \frac{h_0 - h_c}{h_c}\varepsilon_c = \frac{b\sigma_0\left(\frac{\varepsilon_c}{\varepsilon_0} - \frac{\varepsilon_c^2}{3\varepsilon_0^2}\right)h_0 - f_y A_s}{f_y A_s}\varepsilon_c \qquad (9\text{-}b)$$

$$\varphi = \frac{\varepsilon_s + \varepsilon_c}{h_0} = \frac{\left[\dfrac{b\sigma_0\left(\dfrac{\varepsilon_c}{\varepsilon_0} - \dfrac{\varepsilon_c^2}{3\varepsilon_0^2}\right)h_0 - f_y A_s}{f_y A_s} + 1\right]\varepsilon_c}{h_0} \qquad (9\text{-}c)$$

当 $\varepsilon_c > \varepsilon_0$,且 $\varepsilon_s > \dfrac{f_y}{E_s}$

$$b\sigma_0\left(1 - \frac{\varepsilon_0}{3\varepsilon_c}\right)h_c = f_y A_s$$

$$h_c = \frac{f_y A_s}{b\sigma_0\left(1 - \dfrac{\varepsilon_0}{3\varepsilon_c}\right)} \qquad (10\text{-}a)$$

$$\varepsilon_s = \frac{h_0 - h_c}{h_c}\varepsilon_c = \frac{b\sigma_0\left(1 - \dfrac{\varepsilon_0}{3\varepsilon_c}\right)h_0 - f_y A_s}{f_y A_s}\varepsilon_c \qquad (10\text{-}b)$$

$$\varphi = \frac{\varepsilon_s + \varepsilon_c}{h_0} = \frac{\left[\dfrac{b\sigma_0\left(1 - \dfrac{\varepsilon_0}{3\varepsilon_c}\right)h_0 - f_y A_s}{f_y A_s} + 1\right]\varepsilon_c}{h_0} \qquad (10\text{-}c)$$

根据假定,对细长梁来说,其挠曲线是平坦的曲线,因此 v' 是一个很小的量,$v' \times v'$ 与 1 相比十分小,可忽略不计。故式（2）又可近似地写为:

$$\varphi(x) = \frac{1}{\rho(x)} = |v''|$$

根据在纯弯段上梁的曲率不变（见图 1-3）,在剪弯段上曲率呈线性变化的假定,设 x 轴为从左到右,在纯弯段 $f'' = \varphi_c$,在左边的剪弯段 $f'' = \dfrac{\varphi_c x}{a}$,在右边的剪弯段 $f'' = \dfrac{(L-x)\varphi_c}{a}$;对上述三段曲线分别进行二重积分,根据 $x=0$,$x=a$,$x=L-a$,$x=L$ 处的边界条件,可以求出它们各自的挠度曲线:

$$f = -\frac{\varphi}{2}x^2 + \frac{L}{2}\varphi x - \frac{\varphi a^2}{6} \qquad (0 < x < a)$$

$$= -\frac{\varphi}{6a}x^3 + \frac{L-a}{2}\varphi x \qquad (a < x < L-a)$$

$$= -\left(\frac{3L-x}{6a}\right)\varphi x^2 + \left(\frac{L^2}{3a} + \frac{(L-a)^3 + a^3}{6aL}\right)\varphi x - \frac{(L-a)^3}{6a}\varphi - \frac{\varphi a^2}{6} \qquad (L-a < x < L)$$

三、试验设备

1. 荷载设备

结构试验为模拟结构在实际受力工作状态下的结构反应,必须对试验对象施加荷载,所以结构的荷载试验是结构试验的基本方法。试验用的荷载形式、大小、加载方式等都是根据试验的目的和要求,以如何能更好地模拟原有荷载等因素来选择。

产生荷载的方法与加载设备有很多种类:在静力试验中有利用重物直接加载或通过杠

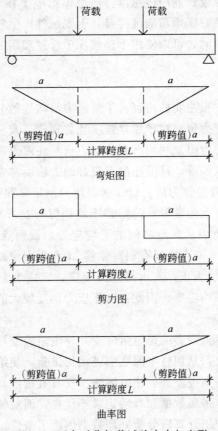

图 1-3 两点对称加载试验内力与变形

杆作用的间接加载的**重力加载方法**，有利用液压加载器（千斤顶）和液压试验机等的**液压加载方法**，有利用铰车、定动滑轮组、弹簧和螺旋千斤顶等机械设备的**机械加载法**，以及利用压缩空气或真空作用的**特殊加载方法**等。在动力试验中可以利用惯性力或电磁系统激振；比较先进的设备是由自动控制、液压和计算机系统相结合而组成的电液伺服加载系统和由此作为振源的地震模拟振动台加载设备等；此外人工爆炸和利用环境随机激振（脉动法）的方法也开始广泛应用。这里主要介绍钢筋混凝土受弯构件常用的加载设备：螺旋千斤顶和液压加载设备。

螺旋千斤顶是利用齿轮蜗杆机构传动的原理，使用时用测力计测定其加载值。它用于对结构施加变形荷载，设备简单，使用方便。当试验规模较小时，是一种理想的加载设备。

液压加载也是结构试验中应用得比较普遍的一种加载方法。它的最大优点是利用油压使液压加载器（千斤顶）产生较大的荷载，试验操作安全方便。特别是对于大型结构试验，当要求荷载点数多、吨位大时更为合适。

液压加载设备一般由油泵、管路系统、操纵台、千斤顶、加载架和试验台组成。所用的千斤顶又称为液压加载器，是液压加载设备中的一个主要部件。其主要工作原理是用高压油泵将具有一定压力的液压油压入液压加载器的工作油缸，使之推动活塞，对结构施加荷载，荷载值由油压表读数和加载器活塞受压底面积求得，也可由液压加载器与荷载承力架之间所设的测力计直接测读；或用传感器将信号输给电子秤显示或由记录器直接记录。使用液压千斤顶加载时，最好配用荷载维持器，否则试件产生较大变形时，很难保持所需要的荷载值。试验规模较小时，可以使用手动液压千斤顶和用一个刚度很大的梁代替试验台座。

2. 应变测量设备

应力测量是结构试验中很主要的内容。了解应力沿构件的分布，特别是了解结构危险截面处的应力分布及最大应力值，对于建立强度计算理论，或验证设计是否合理、计算方法是否正确，都有很直接的价值。利用所测的应力资料还可直接了解结构的工作状态和强度储备。直接测量应力比较困难，目前还没有较好的方法而常常借助于测量应变值后通过材料的应力-应变关系将应变换算为应力值。所以应力测量往往是应变测量。

应变的定义是单位长度上的变形（拉伸、压缩和剪切变形），在结构试验中，可以用两点之间的相对位移近似地表示两点之间的平均应变。设两点之间的距离为 L（称为标距），被测物体发生变形后，两点之间有相对位移 ΔL，则在标距内的平均应变 ε 为 $\Delta L/L$，ΔL 是以两点之间的距离增加为正，表示得到拉应变，以减少为负，表示得到压应变；测出的结果是标距范围内的平均应变。因此，对于应力梯度较大的结构及非均质材料，应注意应变计标距 L 的选择。

应变计的种类很多，用得最多的是电阻应变片。电阻应变片是将应变这一非电参量转换为电参量——电阻的变化，从而将电测法引进结构试验，使结构试验的量测技术发生了质的变化。由于电子仪器的高度发展，使电测法不仅具有精度高、灵敏度高、可远距离测量、便于多点测量、能快速采集数据和自动记录等优点，而且便于将量测信号和计算机联接，为用计算机控制试验和用计算机分析处理数据创造了条件。

(1) 应变片的工作原理

由物理学可知，金属电阻丝的电阻为

$$R = \rho \frac{l}{A}$$

式中　R——电阻；

　　　ρ——电阻率（$\Omega \times \mathrm{mm}^2/\mathrm{m}$）；

　　　l——电阻丝长度（m）；

　　　A——电阻丝面积（mm^2）。

当电阻丝受到拉伸或压缩后，相应的电阻变化为：

$$dR = \frac{\partial R}{\partial l}dl + \frac{\partial R}{\partial A}dA + \frac{\partial R}{\partial \rho}d\rho$$

$$= \left(\frac{\rho}{A}\right)dl - \left(\frac{\rho l}{A^2}\right)dA + \left(\frac{l}{A}\right)d\rho$$

$$\frac{dR}{R} = \frac{dl}{l} - \frac{dA}{A} + \frac{d\rho}{\rho}$$

以　$\frac{dl}{l} = \varepsilon$

$$\frac{dA}{A} = -2\mu\varepsilon$$

将 $\dfrac{d\rho}{\rho}=c\dfrac{dV}{V}=c(1-2\mu)\dfrac{dl}{l}$ 代入，得

$$\frac{dR}{R}=[1+2\mu+c(1-2\mu)]\varepsilon$$

$$\frac{dR}{R}=K_0\varepsilon$$

式中　V——导线体积；
　　　c——由材料成份确定的常数；
　　　μ——电阻丝材料的泊桑比；
　　　K_0——电阻丝的灵敏系数。

对某一种金属材料而言，μ、c 为定值，K_0 为常数。$dR/R=K_0\varepsilon$ 就是利用电阻丝测量应变的理论根据。当金属电阻丝用胶贴在构件上，可以认为它和构件共同变形时，ε 即代表构件的应变。$dR/R=K_0\varepsilon$ 则说明电阻丝感受的应变和它的电阻相对变化成线性关系。这也是非电量 ε 转换为电量——电阻值的相对变化（$\Delta R/R$）的转换关系。

（2）电阻应变片的构造

电阻丝一般做成栅状。基底使电阻丝和被测构件之间绝缘并使丝栅定位。覆盖层保护电阻丝免受划伤并避免丝栅间短路。用作应变片的电阻丝是直径仅为 0.025mm 左右的镍锗或铜细丝，极细弱，需用引出线作为电阻丝和量测导线连接的过渡。

电阻应变片的性能指标一般有以下几项：

1）电阻值 $R(\Omega)$　一般应变仪均按 120Ω 设计，应变片的电阻值一般也为 120Ω。选用时，应考虑与应变仪配合。

2）标距 l　即敏感栅的有效长度。用应变片测得的应变值是整个标距范围的名义平均应变，应根据试件测点处应变梯度的大小来选择应变片的标距。

3）灵敏系数 K　表示单位应变引起应变片的电阻变化。应使应变片的灵敏系数与应变仪的灵敏系数设置相协调，如不一致时应对测量结果进行修正。

4）应变极限　应变片保持线性输出时所能量测的最大应变值；除取决于金属电阻丝的材料性质外还和制作及粘贴用胶有关，一般情况下为（1～3）%左右。

5）机械滞后　试件加载和卸载时应变片$(\Delta L/L)$-ε 这一特性曲线不重合的程度。

6）零飘　在恒定温度环境中电阻应变片的电阻值随时间的变化。

7）蠕变　在恒定的荷载和温度环境中，应变片电阻值随时间的变化。

其他还有横向灵敏系数、温度特性、频响特性、疲劳寿命、绝缘电阻等性能的要求。横向灵敏系数指应变片对垂直于其主轴方向应变的响应程度。此值将影响对主轴方向量测的准确性，现已可从改进电阻应变片的形状等方面使横向灵敏度减小到对量测值无影响的程度，如箔式应变片和短接式应变片的横向灵敏度接近于零。应变片的温度特性指金属电阻丝的电阻随温度而变化以及因电阻丝和被测试件材料之间线膨胀系数不同引起电阻值变化所产生的虚假应变，又称应变片的热输出。由此引起的测试误差较大，可在量测线路中接入温度补偿片来消除这种影响。应根据每批电阻应变片的工作指标对其名义值的偏差程度将电阻应变片分成等级；使用时，根据试验量测的精度要求选定所需电阻应变片的等级。

电阻应变片的种类很多，按敏感栅的种类划分，有：丝绕式、箔式、半导体等；按基底材料划分，有：纸基、胶基等；按使用极限温度划分，有：低温、常温、高温等。箔式

应变片是在薄胶膜基底上胶合金薄膜，然后通过光刻技术制成，具有绝缘度高、耐疲劳性能好、横向效应小等特点，但价格较高。丝绕式多为纸基，虽有防潮性能较差、耐疲劳性能稍差、横向效应较大等缺点，但价格较低，且易粘贴，可用于一般的静力试验。

用应变片测量试件等的应变，应该使应变片与被测物体变形一致，才能得到准确的应变测量结果。通常采用粘结剂把应变片粘贴在被测物体上，粘贴的好坏对测量结果影响很大。首先，贴片用的粘结剂应有足够的抗剪强度，能有效传递应力。此外，粘结剂应具有绝缘性能良好，变形能力大，蠕变小，化学稳定性好等特点。粘贴的技术要求也十分严格，为保证粘贴质量使测量正确，有如下要求：1) 测点基底平整、清洁、干燥；2) 同一组应变片规格型号应相同；3) 粘贴牢固，方位准确，不含气泡。常用的粘结剂有氰基丙烯酸酯类、环氧类等。另外，在应变片粘贴完成后，有时还需要对应变片作防潮绝缘处理，常用的防潮材料有石蜡、环氧树脂等。

（3）电阻应变仪

用作电阻应变片的金属电阻丝，K_0 值在 1.5~2.6 之间，制成电阻应变片后，K 值一般在 2.00 左右，机械应变一般在 $10^{-3} \sim 10^{-5}$ 范围内，则 $\Delta R/R$ 约为 $2 \times 10^{-3} \sim 2 \times 10^{-5}$，这样微弱的电信号很难直接检测出来，必须依靠放大仪器将信号放大。电阻应变仪是电阻应变片的专用放大仪器。根据电阻应变仪工作频率范围的高低可分静态电阻应变仪（图1-4）和动态电阻应变仪。静态应变仪本身带有读数及指示装置；作多点量测时需配用预调平衡箱，通过多点转换开关依次将各测点与应变仪接通，逐点量测。动态应变仪上仅有一粗略的指示表头，需将经动态应变仪放大的信号接入记录仪器后才能得到量测值。一台动态应变仪上有多路放大线路，当进行多点量测时，每一测点接通一路放大线路同时量测。

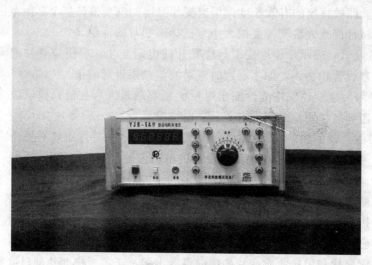

图1-4　静态电阻应变仪

电阻应变仪由测量电路、放大器、相敏检波器和电源等部分组成，其具体的电路结构细节在此不作详述。

（4）手持式应变仪

手持式应变仪常用于现场测量，适用于测量实际结构的应变，标距为 50~250mm 读数的位移计可选用百分表或千分表（图1-5）。手持式应变仪的工作原理是：在标距两端

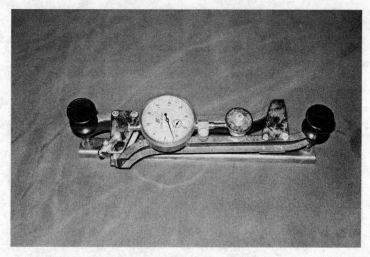

图 1-5 手持式应变仪

粘贴两个脚标（每边各一个），通过测量结构变形前后两个脚标之间距离的改变，求得标距内的平均应变。手持式应变仪的操作步骤为：1）根据试验要求确定标距，在标距两端粘贴两个脚标（每边各一个）；2）结构变形前，用手持式应变仪先测读一次；3）结构变形后，再用手持式应变仪测读；4）变形前后的读数差即为标距两端的相对位移，由此可求得平均应变。

百分表、千分表也可用于测量应变，原理同手持式应变仪。

3. 力传感器

结构试验中，荷载及超静定结构的支座反力是经常需要测定的外力。当用油压千斤顶加载时，因千斤顶所附的压力表读数较粗略，特别在卸载时因摩擦等阻尼的影响，压力表读数不能正确反映实际荷载值，需在千斤顶和试件间安装测力传感器。测力传感器是用来测量对结构（试件）施加的荷载、支座反力等参量的。测力传感器主要有机械式和电测式两类。这些传感器的基本原理是用一个弹性元件去感受拉力或压力，使这个弹性元件发生与拉力或压力成对应关系的变形。用机械装置把这些变形按规律进行放大和显示的即为机械式传感器，如压力环（图 1-6）；用电阻应变片将这些变形转变成电阻变化然后再进行测量的即为应变式传感器（图 1-7）。测量时，机械式传感器为直读仪器，可以直接从传感器上读取力值；应变式传感器应与应变仪或数据采集仪器连接，从应变仪上读到应变值再换算成荷载值，也可由数据采集仪或通过数据采集仪接入计算机，自动换算成荷载值输出。

4. 位移测量器

结构的位移代表结构的整体变形，它概括了结构总的工作性能。通过位移测定，不仅可了解结构的刚度及其变化情况，还可区分结构的弹性和非弹性性质。结构任何部位的异常变形或局部损坏都会在位移上得到反映。因此，在确定测试项目时，首先应该考虑结构或构件的整体变形——位移的量测。

（1）线位移测量器

线位移测量器（简称位移测量器）可用来测量结构的位移，包括结构的反应和对结构

图 1-6 压力环

图 1-7 应变式力传感器

的作用、支座位移。它测到的位移是某一点相对另一点的位移,即测点相对于位移测量器支架固定点的位移。通常把测量器支架固定在试验台或地面的不动点上,这时所测到的位移表示测点相对于试验台座或地面的位移。

常用的位移测量器有机械式百分表(图 1-8)、电子百分表、滑阻式测量器和差动电感式测量器。它们的工作原理是用一个可滑动的测杆去感受线位移,然后把这个位移量用各种方法转换成表盘读数或各种电量。例如,机械式百分表是用一组齿轮把测杆的滑动(即位移)转换成指针的转动,即表盘读数;电子百分表是通过弹簧把测杆的滑动转变为固定在表壳上悬臂小梁的弯曲变形,再用应变计把这个弯曲变形转变成应变输出;滑阻式测量器是通过可变电阻把测杆的滑动转变成两个相邻桥臂的电阻变化,与应变仪等接成惠斯登电桥,把位移转换成电压输出;差动式测量器是把测杆的滑动变成滑动铁芯和线圈之间的相对位移,并转换成电压输出。当测量要求不高时,还可用水准仪、经纬仪及标尺等进行测量。

图 1-8 机械式百分表

当位移值较大时，可采用多圈电位器。水准仪和经纬仪也是测量大位移的方便工具。它们便于作多点和远距离测量。分度 1mm 的标尺也可用于大位移测量。选用测位移的仪表时，应参考事先估算的理论值以防量程不够或精度不满足要求。测量结构位移时需特别注意支座沉降的影响。例如，在简支梁承受较大的集中荷载时，试验梁下的支承点将产生变形，此外支座装置和支墩等的间隙也会使试验梁的支座向下沉降。测得的中点挠度包括了支座沉降的影响，需将它们扣除掉。因此，在测量位移时，需在支座处布置位移测量器，以便在整理试验结果时加以修正。

(2) 角位移测量器

角位移测量器是附着在结构上随结构一起发生位移的，测到的角位移一般是以重力作用线作为参考。常用的角位移测量器有水准管式倾角仪、电阻应变式倾角测量器等。它们的工作原理就是以重力作用线作参考的，以感受元件相对于重力线的某一状态为初值，当测量器随结构一起发生角位移后，其感受元件相对于重力作用线的状态也随之改变，把这个相应的变化量用各种方法转换成表盘读数或各种电量。例如水准管式倾角仪（图 1-9），

图 1-9 水准管式倾角仪

是用一个长水准管作为感受元件,与微调螺丝和度盘配合,测量角位移的。

(3) 裂缝测量器

结构试验中,结构或构件的裂缝发生和发展,裂缝的位置和分布、长度和宽度,是反映结构性能的重要指标。特别是混凝土结构、砌体结构等脆性材料组成的结构,监测结构或构件的裂缝发生时间以及裂缝的宽度、长度随荷载的发展情况对确定开裂荷载、研究结构的破坏过程尤其是研究预应力结构的抗裂及变形性能都十分重要。

裂缝测量主要有两项内容:1) 开裂,即裂缝发生的时刻和位置;2) 度量,即裂缝的宽度和长度。目前常用观察裂缝的方法是在构件表面刷一层白色石灰浆后借助放大镜用肉眼查找裂缝,白色石灰浆涂层有利于衬托出试件表面的微细裂缝。当需要更精确地**确定**开裂荷载时,在裂缝可能出现的位置或拟测量裂缝的区域粘贴电阻应变片。出现裂缝时,跨裂缝的应变片读数就会突变。由于裂缝出现的位置不易确定,往往需要在较大的范围内连续搭接布置应变片,这将占用过多的仪表和提高试验费用。也可以用导电漆膜来测量开裂,在测区连续搭接布置导电漆膜;当某处开裂时,跨裂缝的漆膜就出现火花直至烧断,由此现象可以确定开裂。

测量裂缝宽度通常用读数显微镜,它是由光学透镜与游标刻度等组成。还可以用印有不同宽度线条的裂缝标尺与裂缝对比来确定裂缝宽度;并用一组具有不同厚度的标准塞尺进行试插,正好插入裂缝的塞尺厚度即为该裂缝的宽度。裂缝标尺和塞尺的测量结果较粗略,但能满足一定的使用要求。

四、试验方案设计

结构试验设计是整个结构试验中极为重要的并带有全局性的一项工作,它的主要内容是对所要进行的结构试验工作进行全面的设计与规划,从而使设计的计划与试验大纲能对整个试验起着统管全局和具体指导的作用。

对于受弯构件的单调静力加载试验可以分为正位试验与反位试验。图 1-10 与图 1-11 分别是正位试验装置与反位试验装置。

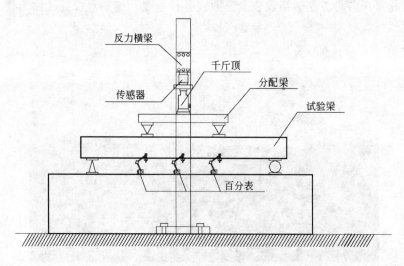

图 1-10 正位试验装置示意

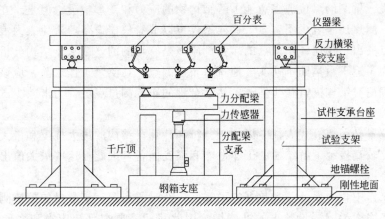

图 1-11　反位试验装置示意

除去正反位试验的选择外，试验设计主要分为试件设计、荷载设计、观测设计。

1. 试件设计

试件设计包括试件形状的选择、试件尺寸与数量的确定以及构造措施的研究，同时必须满足结构与受力的边界条件、试验的破坏特征、试验加载条件的要求，以最少的试件数量获得最多的试验数据，反映研究的规律，满足研究任务的需要。例如，钢筋混凝土受弯构件静力试验需注意破坏形态，当进行弯曲破坏时试件就必须设计成强剪弱弯，避免出现剪切破坏，又如超筋破坏试验就必须设计成纵向受拉钢筋超过试件的最大配筋率。

2. 荷载设计

构件试验时的荷载图式应符合设计规定和实际受载情况。当试验荷载的布置图式不能完全与设计的规定或实际情况相符时，或者为了试验加载的方便及受加载条件限制时，可以采用等效的原则进行换算，也就是使试验构件的内力图形与设计或实际的内力图形相等或接近，并使两者最大受力截面的内力值相等，在这条件下求得试验等效荷载。

3. 观测设计

在进行结构试验时，为了对结构或试件在荷载作用下的工作性能有全面的了解，就要求利用各种仪器设备测量出结构反应的一些参数，为分析结构工作提供科学依据。因此在正式试验前，应拟定测试方案。

在拟定测试方案时应该把结构在加载过程中可能出现的变形等数据计算出来，以便在试验时能随时与实际观测读数比较，及时发现问题。结构在荷载作用下的各种变形可以分成两类：一类是反映试件的整体工作状况，如梁的挠度、转角、支座偏移等，叫做整体变形；另一类是反映试件的局部工作状况，如应变、裂缝和钢筋滑移等，叫做局部变形。在确定试验的观测项目时，我们首先应该考虑整体变形，因为整体变形可以基本上反映出结构的工作状况。因此，在所有测试项目中，各种整体变形往往是最基本的。对梁来说，首先就是挠度。通过挠度的测定，我们不仅能知道结构的抗弯刚度，而且可了解试件的弹性和非弹性工作状态，挠度的不正常发展还能反映出结构中某些特殊的局部现象。另一方面，局部变形也有非常重要的意义。例如，钢筋混凝土结构的裂缝出现，能直接说明其抗裂性能，而控制截面上的最大应变往往是推断结构极限强度的重要指标。

一般来说，量测的点位愈多愈能了解结构物的应力和变形情况。但是．在达到试验目的的前提下，测点还是宜少不宜多，这样不仅可以节省仪器设备，避免人力浪费，而且使试验工作重点突出。任何一个测点的布置都应该是有目的的，服从于结构分析的需要，更不应错误地为了追求数量而不切实际地盲目布设测点。在测量工作之前，应该利用已知的力学和结构理论对结构进行初步估算，然后合理的布置测量点位，力求减少试验工作量而尽可能获得必要的数据资料。

测点的位置必须要有代表性，以便于分析和计算。结构的最大挠度和最大应力的数据可以让我们比较直接地了解结构的工作性能和强度储备，因此在这些最大值出现的部位上必须布置测点。

在测量工作中，为保证测量数据的可靠性，有时要布置一定数量的校核测点。试验过程中会有很多因素影响测量数据的准确性，因此我们需要在已知应力和变形的位置上布点，这种测点得到的数据称为控制数据或校核数据，如果控制数据在试验过程中正常，则可以认为在未知应力和变形的测点上得到的数据是可靠的；反之，得到的数据可靠性就差了。

最常见的观测设计为挠度测量设计、应变测量设计、裂缝测量设计：

(1) 挠度测量设计

为了求得梁的真正挠度 f，试验者必须注意支座沉陷的影响。在试验时由于荷载的作用，试件两个端点处支座常常会有沉陷，以致使试件产生刚性位移（图 1-12），因此，如果跨中的挠度是相对于地面进行测定的话，则同时还必须测定梁两端支承面相对同一地面的沉降值，所以最少要布置三个测点。

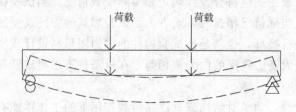

图 1-12 支座沉降示意图

对于跨度较大的梁，为了保证量测结果的可靠性，并求得梁在变形后的弹性挠度曲线，则相应地要增加至 5~7 个测点，并沿梁的长度对称布置。对于宽度较大的梁，必要时应考虑在截面的两侧布置测点，所需仪器的数量也就增加一倍，此时各截面的挠度取两侧仪器读数之平均值。

(2) 应变测量设计

进行受弯构件试验时要测量由于弯曲产生的应变，一般在梁承受正负弯矩最大的截面或弯矩有突变的截面上布置测点，例如图 1-13。对于变截面的梁则应在抗弯控制截面上布置测点（即布置在截面较弱而弯矩值较大的截面上）。有时，也需在截面突然变化的位置上设置测点。如果只要求测量弯矩引起的最大应力，则只需在该截面上下边缘纤维处布置应变片即可。为了减少误差，上下纤维上的仪表均设在梁截面的对称位置上或是在对称轴的两侧各设一个仪表，以求取它们的平均应变量。

对于钢筋混凝土梁，由于材料的非弹性性质，梁截面上的应力分布往往不规则。为了

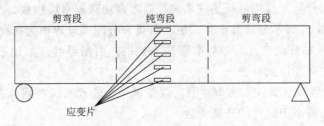

图 1-13 梁测应变片布置

求得截面上应力分布的规律和确定中和轴的位置,就需要增加一定数量的应变测点,一般情况下沿截面高度至少需要布置五个测点,如果梁的截面高度较大时,尚可沿截面高度增加测点数量。测点愈多,则中和轴位置愈能定得准确,在截面上应力分布的规律也愈清楚。应变测点沿截面高度的布置可以是等距离的,也可以是不等距地外密里疏设置,以便比较准确地测得截面上较大的应变。

(3) 裂缝测量设计

在钢筋混凝土梁试验时,经常需要测定其抗裂性能,因此要在估计裂缝可能出现的截面或区域内,沿裂缝的垂直方向连续或交替的布置测点(图1-14),以便准确地测量梁构件的开裂荷载及抗裂性能。

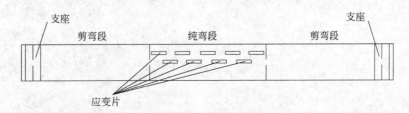

图 1-14 梁底应变片连续布置

对于混凝土构件,经常是控制弯矩最大的受拉区及剪力较大且靠近支座部位的斜截面开裂。一般垂直裂缝产生在弯矩最大的受拉区段,因此在这一区段要连续设置测点。这种情况选用手持式应变仪进行量测最为方便,它们各点间的间距按选用仪器的标距决定。如果采用其它类型的应变仪(如千分表、杠杆应变仪或电阻应变片),由于各仪器标距的不连续性,为防止裂缝正好出现在两个仪器的间隙内,经常将仪器交错布置。当裂缝未出现前,仪器的读数是逐渐变化的。如果构件在某级荷载作用下开始开裂时,跨越裂缝测点的仪器读数将会有较大的突变,此时相邻测点仪器读数可能变小,有时甚至会出现负值。如果发现上述现象,即可判明它已开裂。至于裂缝的宽度,则可根据裂缝出现前后两级荷载时仪器的读数差值来确定。

每一试件中测定的裂缝数目一般不少于3条,包括第一条出现的裂缝以及宽度最大的裂缝,取其中最大值为最大裂缝宽度值。每级荷载下出现的裂缝均需在试件上标明,在裂缝尾端注明荷载值。裂缝发展时,需在裂缝新的尾端注明相应的荷载。

五、钢筋混凝土受弯构件试验步骤

1. 布置加载装置。当施加集中荷载时可以用杠杆重力加载,更方便的是用液压加载器通过分配梁予以分散，或用液压加载系统控制多台加载器直接加载。

2. 按标准荷载的 20%分级算出加载值、自重和分配梁重等作为初级荷载计入。

3. 按前述要求贴好应变片，做好防潮防水处理，引出导线。如用手持式应变仪要贴好脚标插座，装好挠度计或百分表。

4. 进行 1～3 级预载试验，测取读数，观察试件、装置和仪表是否工作正常并及时排除故障。预载值必须小于试件的开裂荷载。

5. 正式试验：自重及分配梁重等作为第一级荷载值，不足标准荷载的 20%或 40%时，用外荷载补足。

6. 每级荷载施加后等待 10 分钟，并在前后两级加载的中间时间内读数。

7. 随着试验的进行注意仪表及加载装置的工作情况，细致观察裂缝的发生、发展和试件的破坏形态。最大裂缝宽度测量应包括正截面裂缝和斜截面裂缝。正截面裂缝宽度应取受拉钢筋处的最大裂缝宽度（包括底面和侧面）；斜截面裂缝应取斜裂缝宽度最大处的宽度值。每级荷载下的裂缝发展情况应随试验的进行在构件上绘出，并注明荷载级别和相应的裂缝宽度值。

第二部分　SSBCAI 软件使用手册

一、功能简介

　　SSBCAI（钢筋混凝土简支梁加载试验模拟辅助教学软件）是一个土木工程专业的辅助教学软件，主要目的是帮助学生更好地掌握《钢筋混凝土结构》课程中关于简支梁工作性能部分的内容。《钢筋混凝土结构》是土木工程学科的核心课程之一，其中钢筋混凝土简支梁在两点对称加载条件下的受力状态与工作性能一直是教学中的重点与难点，不少学生在学完这部分内容后都感觉并未学深学透，虽然会套用公式做题，但对混凝土简支受弯构件在荷载作用下的变形及内力状态等工作性能的认识并不是非常清楚。钢筋混凝土简支梁加载试验模拟软件通过用动画演示钢筋混凝土简支梁两点对称加载试验的全过程，形象生动地向学生展示了钢筋混凝土简支受弯构件在荷载作用下的工作性能。同时，软件实时地绘制挠度-荷载曲线、受压区高度-荷载曲线及最大裂缝宽度-荷载曲线以反映简支梁工作性能的变化规律，力图让学生清楚受弯构件的变形、受压区高度等在荷载作用的不同阶段的发展情况。为了让学生知其然也知其所以然，软件还对加载全过程中的不同阶段进行分析，让学生能明白每一阶段简支梁工作状态的变化原因，从而对钢筋混凝土简支梁加载试验的认识从感性上升到理论。另外，软件配有简支梁六种典型破坏形式的试验全过程视频，学生在了解简支受弯构件的受荷性能后可以观看视频以了解构件受荷时的实际反应以及典型的破坏形态。有条件进行教学试验的学生，还可以使用软件对即将进行的试验进行预测，认识试件在荷载作用下不同阶段的反应，从而设计出良好的试验观测方案，并且在进行实际试验时更好地对试件进行观测。

二、界面介绍

　　软件运行后，出现如下一个界面（图 2-1）。
　　这就是软件的主窗口，窗口上部是软件的菜单栏。
　　第一个是"文件"菜单项，包括"打开旧记录"、"存储新记录"、"退出"三个子菜单项；"打开旧记录"用于打开已生成的数据库，访问存储在数据库中的数据，"存储新记录"用于生成一个新的数据库来存储一次试验模拟完成后所生成的数据；"退出"用于关闭软件。
　　第二个是"控制"菜单项，包括"演示速度"、"色彩分段"、"语音解说"三个子菜单项；"演示速度"用来控制软件的演示速度，有慢、中、快三级可调；"色彩分段"子菜单项是一个选中开关，被选中后软件会在不同的阶段用不同的颜色绘制挠度-荷载曲线等曲线，便于学生区分曲线的不同阶段；"语音解说"也是一个选中菜单，用来控制在演示时是否打开语音解说。
　　第三个是"破坏类型"菜单项，包括"正截面"、"斜截面"两个子菜单项。"正截面"

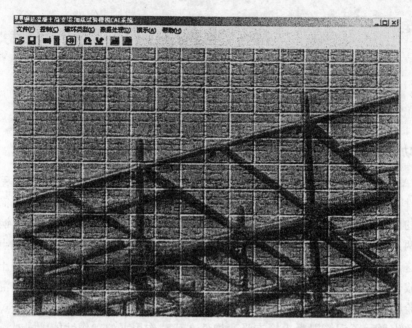

图 2-1 软件主界面

又包括"超筋破坏"、"少筋破坏"、"适筋破坏"三个子菜单项，这三个子菜单项分别预置了正截面三种破坏形式的数据，同样"斜截面"也包括了"斜压破坏"、"斜拉破坏"、"剪压破坏"三个子菜单项，它们也分别预置了斜截面三种破坏形式的数据。

第四个是"数据处理"菜单项，包括"输入数据"、"输出数据"两个子菜单项；"输入数据"用于输入包括梁的几何尺寸、材料性能在内的所有参数；"输出数据"用来在试验模拟演示完成后输出模拟的所有结果。

第五个是"演示"菜单项，包括"视频播放"、"动画模拟"两个子菜单项；"视频播放"用于播放软件光盘上的六段真实试验的视频；"动画模拟"用于开始一次试验模拟的动画演示，在演示时用户随时可以控制其进程。

第六个是"帮助"菜单项，包括"使用说明"及"关于……"两个子菜单项；用户可以从"使用说明"中查询怎样使用这个软件，还可以从"关于……"中得到软件版本号等信息。

三、使用指导

1. 使用试验模拟

软件运行出现主界面后，用户可以点击"输入数据"菜单项，出现图 2-2 的数据输入窗口：在这里用户可以通过点击相应的项目选择钢筋混凝土简支梁的材料性能参数。用户点击"确定"按钮后，出现第二个数据输入窗口（图 2-3）；

在这个窗口中用户可以确定梁的几何参数和加载条件。点击"确定"后，会出现一个图 2-4 的数据确认窗口来确定用户是否需要修改数据：

确认输入的数据全部正确后，点击"不需要"按钮，数据初始化工作就完成了；否则点击"需要"按钮，则又会出现前面的两个数据输入窗口以便用户修改数据。

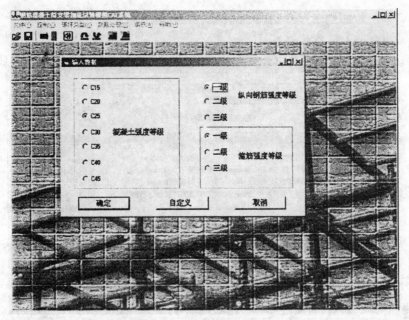

图 2-2　数据输入示意 1

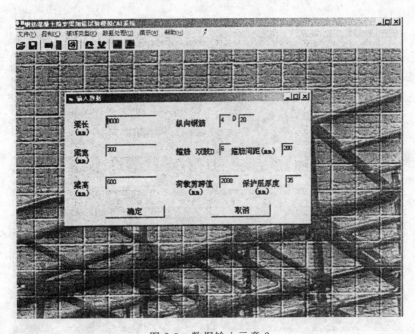

图 2-3　数据输入示意 2

数据输入完成后,选择"演示"菜单项下的"动画演示",出现图 2-5 下的演示界面:

演示界面上方是主演示窗口,主演示窗口中间是承受两点对称加载的梁,梁下面是纯弯段混凝土截面应力图形。演示界面下方三个小窗口分别是荷载-相对受压区高度曲线窗口、荷载-挠度曲线窗口和荷载-最大裂缝宽度曲线窗口;窗口中的竖坐标均为荷载,横坐标分别是相对受压区高度等参数(图 2-6)。

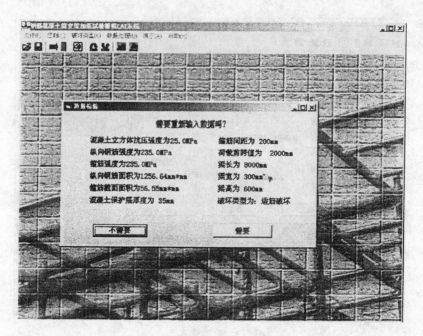

图 2-4 数据输入示意 3

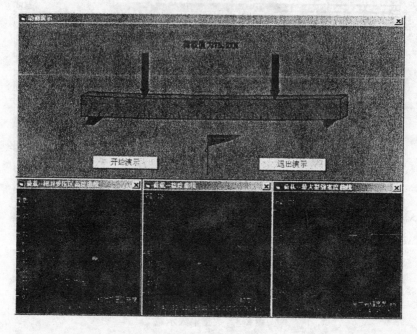

图 2-5 动画演示示意 1

当界面上方出现图 2-6 的分析窗口时，按回车键可使其隐藏。

为了使用户能够控制演示进程以更好地观看，用户还可通过按"Ctrl+p"键来停止软件的运行，或按"Ctrl+c"键恢复软件的运行。

为了能使用户方便地进行六种典型破坏的试验模拟，软件为六种破坏分别内置了一组

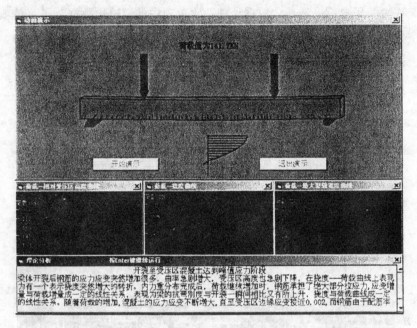

图 2-6 动画演示示意 2

参数。用户可以选择"破坏类型"菜单项,在其中的"正截面"、"斜截面"子菜单项中选择破坏类型,如下所示:

选定破坏类型后会出现象"输入数据"菜单项一样的数据输入窗口(图 2-7),但其中数据已全部被填入且不可修改,只是让用户了解参数具体取值。

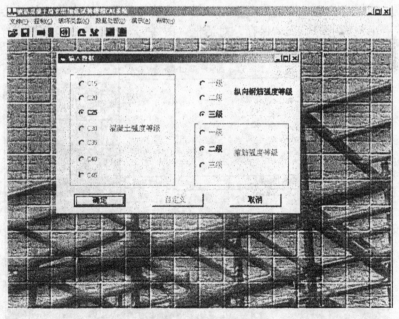

图 2-7 选择预置数据

全部点击"确定"后,软件即开始演示。

演示完成后，用户可以选择"数据处理"菜单项中的"输出数据"子菜单项调出试验模拟的结果查看，如图 2-8 所示：

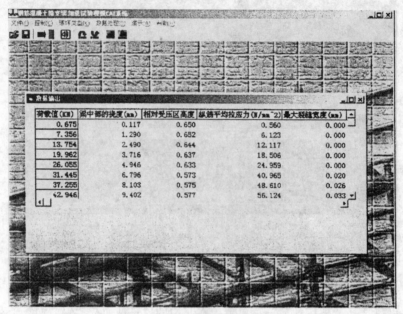

图 2-8 模拟结果输出

2. 存储和访问数据

软件内置了数据库功能以便用户可以存储和访问模拟的试验数据。

在一次试验模拟完成后，用户可以选择"文件"菜单项中的"存储新记录"，会出现一个对话框询问用户是否是第一次存储，如果用户确定是第一次存储，软件会要求输入用户姓名，接着出现如下的一个"保存"对话框（图 2-9），让用户确定数据库存放的位置。

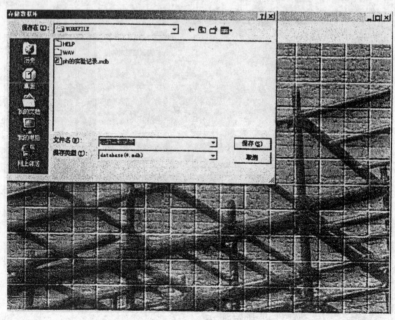

图 2-9 数据存储

用户确定数据库的存放路径后,软件会生成一个数据库且存入所有的数据。

用户也可以选择"文件"菜单项中的"打开旧记录"来访问已存储的数据,软件会出现图 2-10 的"打开"对话框。

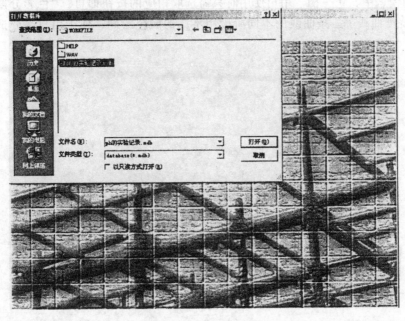

图 2-10 打开数据库

选定数据库后,软件会要求用户确定要访问的数据的存储日期,日期采用"yy-mm-dd"格式,如 2002 年 11 月 25 日则输入"02-11-25"。全部输入完成后,软件会打开数据库取出所需要的数据,如图 2-11。

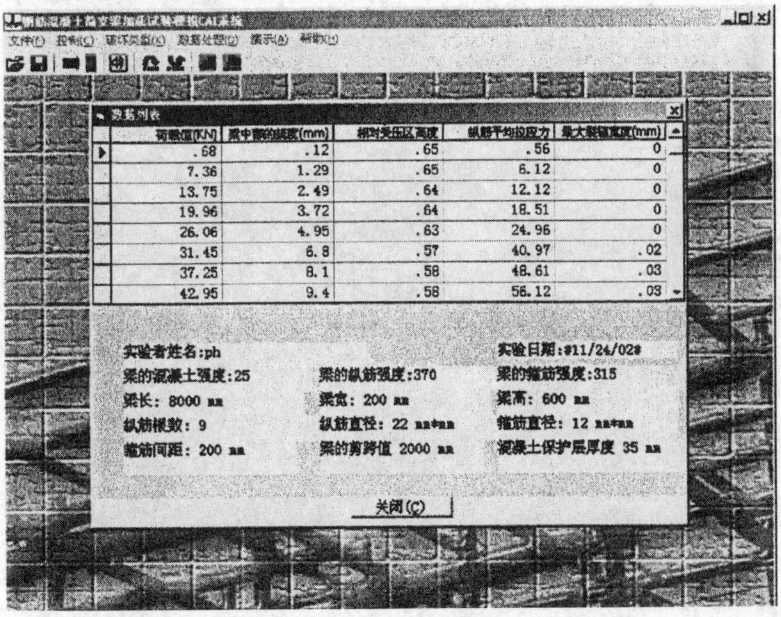

图 2-11 访问已存储的数据

3. 其他功能

为了更好地观看试验模拟的过程，用户可以用软件"控制"菜单项中的"演示速度"和"色彩分段"两个子菜单项来设置软件。"演示速度"用于调整软件进行试验模拟时的速度，分为慢、中、快三档，用户使用时只需选取相应的按钮即可。"色彩分段"的功能是将荷载-挠度曲线等三条曲线的不同阶段用不同的颜色绘制，便于用户区分试验模拟的不同阶段。